科学原理早知道 自然与环境

留住这片森林

[韩] 表淳国 文
[韩] 文彩英 绘
季成 译

化学工业出版社
·北京·

在一个静谧的乡村，
当地的人们正在村民活动中心参加会议。
这里的村民世世代代都在村后头的山上
采野菜、挖草药、种蘑菇。
可是突然有一天，
他们听说有人要将高尔夫球场建在那里。
村民们个个都是愁容不展的样子。

高尔夫球场建造规划

听说要在村后头的山上建高尔夫球场，村民们担忧极了。

1

高尔夫球场大多都会建成开阔平坦的草坪，
如果把后山变成高尔夫球场的话，
那山上的树木该怎么办呀？
还有住在山上的小动物们又该怎么办呀？
树木都被砍伐光了，
那鸟儿和小动物们还能去哪儿生活啊？

要是后山被建成高尔夫球场的话，树木和动物就都将消失。

3

村子后面的小山是小朋友们常去玩耍的地方。

每次一到后山呀，就能听见鸟儿欢迎小朋友们的叫声。

森林里还有很多能让村民们感到神清气爽的生物，

所以只要到了森林呀，村民们心里的烦闷就会被一扫而空。

如此祥和的森林要是能一直存在的话，该有多美好呀！

村民们都在担心后山可能会消失。

森林里有许多能让我们心情变得愉快的生物哦。

　　世界各地的森林面积都在不断地减少甚至消失。其中有些森林是被人们放火烧毁的。为什么要这样做呢？由于没有可以耕种的土地，人们会将树木烧毁，然后在开垦出来的荒地上，从事农业生产。树木燃烧后留下来的灰烬正好可以用来当作肥料。要是几年后这块土地的养分被用完，变成不适合耕种的贫瘠土地，人们就会寻找下一个森林，继续放火烧山，开垦荒地。如果任由这种情况一直发展下去，那就会使所有森林的土地都变得贫瘠。

火耕

用火烧毁森林，然后在获得的空地上进行农业生产的方法叫做"火耕"。它是一种非常古老的轮耕技术，人类使用这个技术已经有数千年的历史了。现今只有在南美洲等地区还保留有这种耕种方式。

人们为了获得耕种土地，选择了放火烧山。

人们为了从森林中获取生活所需的原材料，大肆开采森林。比如用于建造房屋的木材，还有生产纸张和家具的原料都来源于森林里的大树。所以有一些拥有非常多参天大树的国家，通过砍伐树木并售卖给他国的方式来获取利益。被砍伐下来的树木需要用大卡车运输，这就需要人们修建可供大型汽车通行的道路。为了修路，又会有数不清的树木被砍伐。失去了树木的土壤会渐渐变得贫瘠干燥。长此以往，森林就变成了沙漠。

人们为了从森林中获取生活所需的原材料，大肆砍伐森林。

就连生长着低矮灌木和小草的草原也正在消失。
居住在这里的人们主要通过放牧与耕种生活。
草原上的牲畜们，要是将灌木丛和小草全部吃掉的
话，这片土地上就再也长不出草了。

于是人们就会将牲畜带到另一片草地。与此同时，牲畜的数量不断增加，对草的需求量就越来越大。如果一直这样下去，草原就将逐渐变成沙漠了。

放牧

在草原上放养牲畜的方法称为放牧。放养的牲畜要比圈养的牲畜长得更好，并且还能生下更多的幼崽哦。

人类过度放牧导致草原变成了沙漠。

只要有森林在，大家就都能幸福

森林里住着许许多多的大家庭，比如野生动物、鸟类、昆虫、微生物等。它们一起生活在森林里，并从森林中获取食物。而森林又从它们身上获取所需的养分。当森林生态系统像这样一直保持着健康与稳定时，人们就可以从森林里获得各种食物和药材了。

森林还能在下雨时截留雨水，并通过树叶释放水蒸气。水蒸气凝结成云，就又会变成小雨滴回到森林里。这一过程能够维持地球气候的长期稳定。

森林所做的事情呀，都起着不可替代的重要作用。

森林是一个巨大的制氧工厂

森林中的树木能够吸收空气中的二氧化碳并释放出氧气。生长良好的森林每1公顷（10000平方米）就能释放出12吨的氧气。这可足够一个人呼吸21年。

森林是空气净化器

树木通过叶子上的气孔吸收和粘住大气中的灰尘、二氧化硫气体和含氮化合物等来净化空气。每1公顷（10000平方米）的阔叶林可以过滤掉68吨的灰尘哦。

森林是美丽的隔声屏障

每每来到森林，都可以感受到远离城市喧嚣的宁静，这是因为森林中的空隙起到了与隔声板类似的作用。叶片越大越多，吸收并减弱噪声的效果就越好。

森林是资源宝库

建造房屋时所用的木材，生产制造家具和纸张等，都需要从森林中获取树木。还有各种野菜和葛根等对我们身体有益的草药，也可以在森林里挖到，尤其是人参、松茸和香菇等草药具有极好的药用价值。这些都是森林馈赠给我们的珍宝。

在沙漠地区，水资源稀缺，人们很难进行农业生产活动。因此，即使沙漠的面积十分广阔，也仍旧是一片荒芜，无人居住。可是在全世界范围内，沙漠的面积仍在慢慢增长，而为人类提供了许多资源的森林正在减少。人们将这种现象称为荒漠化现象。

橡胶树

长春花

18

森林是健康疗养中心

森林中的空气富含氧气，并含有一种叫做"植物杀菌素"的物质，有益于我们的身体健康。听说从山谷里流出来的溪水还含有对我们身体有益的负离子呢。去森林游玩，对我们的身心健康都有好处哦。

森林是灾害预防中心

土壤是生命之源，而森林一直保护着作为生命之源的土壤。树根能够防止水土流失，减少山体滑坡和洪水等灾害的发生。为了让我们安全无忧地生活，森林一直在默默地付出。

森林是野生动物的乐园

在森林中，野生动物、鸟类、昆虫还有微生物等都是依靠着彼此生活的。森林是野生动物的家园，是它们觅食的地方，也是死后被掩埋的地方。只要森林生态系统保持健康，就会有越来越多的生物在森林中快乐生活啦。

森林是个巨大的绿色水坝

森林的土壤里，各种树根盘旋交错，还有许多生物在其中四处游荡打洞。因此，森林中的土壤能够像海绵一样吸收雨水，然后再使其慢慢地一点一点渗入到地下。森林保存下来的水量甚至比水坝的蓄水量还大哦。

沙漠周围的草原由于过度放牧与耕种，极易变成沙漠。即使下了雨，这样的土壤也无法储存雨水，最终被雨水冲刷带走。风沙一来，植物就都无法继续存活了。等到烈日晒干了地面，草原就变成沙漠了。

沙漠周围的草原地区

雨水冲刷带走土壤。　　　　　起风时，沙漠里的沙子被吹起。　　在烈日的照射下水分蒸发。

植物所需要的土壤彻底消失，植物无法继续生长。　　　地面被沙子覆盖，植物无法生长。　　　没有了可以耕种的水，植物无法生长。

　　热带雨林和森林给我们带来了很多好处。在马达加斯加森林中生长着一种叫做"长春花"的植物，它是治疗白血病的原料；而在爪哇岛的森林中，人们可以找到一种用于治疗疟疾的特效药——"奎宁"。在热带雨林中不仅能找到许多用于拯救生命的药物原料，还有用于生产和制作各种橡胶产品的原料——橡胶树的汁液。

　　热带雨林释放的氧气约占地球氧气总量的 30%，被称为"地球之肺"。要是热带雨林消失的话，也许我们就再也无法呼吸了。

人们能从森林里获取药物和橡胶制品的原料，还有氧气等。

3000 多种鱼类，数百万种昆虫，数以千计的两栖动物、爬行动物、哺乳动物，还有像鹦鹉等占全球五分之一种类的鸟儿，都生活在热带和温带雨林中。从人们开始开发热带雨林以来，每年就有 1000 多种动物从这个星球上消失。

犀鸟
生活在非洲、亚洲以及南美洲的森林中。

果蝠
生活在印度、东南亚热带地区以及澳大利亚北部的森林中。

大猩猩
生活在非洲中部地区的森林里。

狐猴
生活在马达加斯加和科莫多岛的森林中。

算上尚未发现且还没有被命名的动植物，在未来 30 年内，地球上四分之一的生物将会彻底灭绝。想要阻止野生动植物的灭绝，首先就应当保护好它们居住的森林。

马来熊
生活在印度东北部、马来半岛、中国南部以及泰国等地的森林中。

美洲豹
生活在中南美洲的森林中。

极乐鸟
生活在巴布亚新几内亚、澳大利亚北部以及印度尼西亚的森林中。

奇异果鸟
生活在新西兰的森林里。

卷尾猴
生活在中南美洲的森林中。

随着森林的消失，无数的动植物也在消失。

随着人口的增长，人们需要更多的房屋和道路。

许多在过去常见的森林植物正在慢慢地消失。

由于人们肆意砍伐树木，并在其上方修建房屋和道路，

那些我们曾经随处可见的植物变得越来越少见。

一些植物的现存数量少得可怜，艰难的生存环境让它们濒临灭绝。

环保部门就曾发布过关于植物的濒危等级评估报告，

并在生物多样性的保护上付出诸多努力。

要是不这样做的话，它们就将从地球上永远消失了。

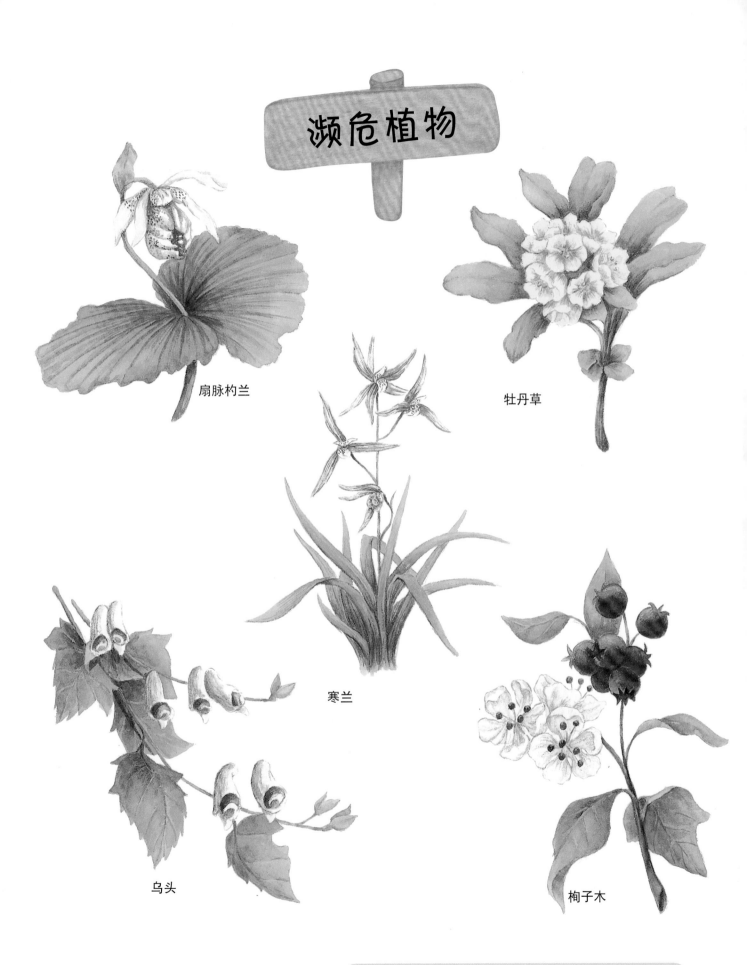

濒危植物

扇脉杓兰

牡丹草

寒兰

乌头

栒子木

香草农场

保护森林非常重要。人们一到假期就去森林与田野，是因为能从大自然中感受到宁静与安逸带来的身心健康。森林不仅为人类，更为生活在这个地球上的所有动植物都提供了栖息之地，让各种各样的生物共处于这片土地。

为了让人类与动植物健康地生存下去，就需要我们共同努力保护好森林。

"知了知了……"只要有树木和草丛，就算是在城市中心也能听见知了的叫声。城市里的森林和公园不仅能净化受污染的空气，还能冷却温度较高的柏油路。整个城市都能感受到清爽宜人的山风，随处都能看见清澈的溪水。在来自森林的香气与微风中，人们的内心也将得到安抚。

但人们好像总是会忘了森林的重要性，只为了满足少部分人的需求，就要兴建高尔夫球场。真希望再也不要发生森林消失的事情了，即使是要修路或是修建楼房，也希望能够找到一个尽可能不破坏森林的方法。要是森林消失的话，我们就再也见不到干净的水、空气和各种动植物了。

城市里的森林和公园也是十分重要的，我们要努力保护森林，不让它再继续消失。27

土壤里都有些什么？

　　树木的良好生长，除了必需的阳光和水，还离不开至关重要的土壤，因为土壤中含有树木生长所需的养分。

　　土壤中的养分被树的根部吸收，并输送到树枝和树叶，使得植物能够健康生长。让我们一起来看看土壤里都有些什么吧！

实验材料　玻璃瓶、水、从山上取来的土壤、铲子
实验方法

1. 向玻璃瓶中倒入半瓶左右的土壤，加水后封住瓶口。
2. 上下摇动玻璃瓶后静置不动。
3. 观察玻璃瓶内部，看水中是否有漂浮物。

实验结果

　　土壤与水混合，静置后分离成数层，质量重的沉淀在最下面，从下到上依次是小石子、沙粒和泥水，而腐烂的树叶碎屑和树枝，还有一些微小的尘土颗粒漂浮在水面上。

为什么会这样呢？

　　挖开土壤我们可以发现，除了土壤还有其他各种杂质，比如：小树枝、树叶、已经腐烂了的花瓣碎片、动物粪便、石头，还有昆虫尸体等。这些物质被生活在土壤中的微生物逐步分解，成为了植物的养分，最终被植物的根部所吸收。

　　人们给土壤施用肥料，就是为了要在土壤中添加更多的养分，帮助植物更好地生长。

什么是温室效应？

地球的气候似乎变得越来越热了。事实上，在过去的 100 年中，由于温室效应，全球的平均温度上升了约 0.5℃。一起来了解什么是温室效应吧！

实验材料　2 个温度计、2 个大小一致的塑料泡沫箱、塑料薄膜、黑色画纸

实验方法

1. 在 2 个塑料泡沫箱的底部铺上黑色画纸，并在箱中放置一个温度计。
2. 用塑料薄膜将其中一个箱子封口，与另一个没有封口的箱子一起放在阳光充足处。观察一小时内的温度变化。
3. 将升温后的箱子移到没有阳光照射的阴凉处。放置一小时后观察温度的变化。

实验结果

1. 放置在向阳处时，两个塑料泡沫箱内的温度均有所升高，但有封口的箱内温度要比没有封口的箱内温度高。
2. 放置在阴凉处时，两个塑料泡沫箱内的温度均有所下降，但没有封口的箱内温度要比有封口的箱内温度低。

为什么会这样呢？

被铺在塑料泡沫箱底部的黑色画纸扮演了地球表面的角色，还原了来自太阳的热量被吸收后，又被再次释放到空气中的过程。箱子上的塑料薄膜就像是温室的玻璃，允许阳光照射进来的同时，还能保留住箱子中被阳光加热的空气所释放出来的热量。

空气中的水蒸气、二氧化碳以及甲烷气体均具有与塑料薄膜相同的特性。它们允许从太阳那儿传递来的热量进入地球，并且保留住了试图从地球表面散发到太空去的热量。

随着工业的发展，石油和煤炭等燃料被广泛使用，再加上人们砍伐了大量能够将二氧化碳转化为氧气的树木，导致大气中二氧化碳的含量急剧增加。因此，地球就变得越来越热了。

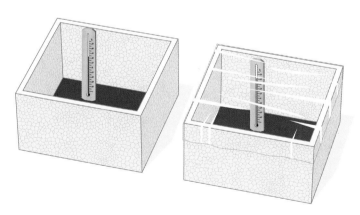

没有用塑料薄膜封口的箱子　　使用塑料薄膜封口的箱子

问题 丛林在哪里？

树木生长得非常密集的森林被称为丛林，在炎热的赤道附近，树木葱郁的热带雨林通常被称为丛林。这个地区的气候全年高温多雨，因此树木在这里长得非常好。像非洲刚果河流域、印度南部地区、马来西亚地区以及南美洲亚马孙河流域等，都是极具代表性的丛林（热带雨林）。丛林里生活着许多我们平常在其他地方很难见到的动植物。

问题 怎样才能保护鸟类？

不要在森林里四处乱跑发出噪声，因为鸟类对声音非常敏感，当它们听到奇怪的声音时，就会变得非常焦虑不安。

也不要随意采摘鸟类们赖以为食的果子，树莓、山葡萄、软枣、猕猴桃等。要是我们采摘了这些果子，也许鸟儿就再也不会来这个地方了。更不要去摸鸟巢，鸟巢或鸟巢里的蛋被我们摸过之后，很可能会导致幼鸟的存活率降低。还有，不要乱扔垃圾，塑料袋也许会束缚住鸟儿的脚，还有些垃圾被鸟儿们无意中吞食，会导致鸟儿死亡。

问题 都有哪些环境保护组织呀？

有人在做污染地球的事情，就会有人在为保护地球环境而努力。所以呀，人们抱着保护地球环境的想法聚在一起，形成了团体，并组织各种活动的情况不胜枚举。比如"绿色和平组织"就是举世闻名的环境保护组织，还有"塞拉俱乐部""国际地球之友"和"世界自然基金会"之类的组织也已经成立很久啦。

当然保护环境这件事，并不是只有加入某个环境保护的组织以后才能做。不过要是加入环境保护组织的话，我们就可以和志同道合的人一起分享各自的想法，还可以一起参加一些有意义的活动。

问题 国家公园是从什么时候开始有的？

国家公园包含了一个国家最具代表性的自然景观，并受到该国的法律保护。世界各个国家几乎都有国家公园，最早建立国家公园的是美国。美国在建国初期，曾不断地毁坏自然，猎杀动物，对自然环境造成了非常严重的破坏。1872 年美国设立了世界上最早的国家公园"黄石国家公园"，开始确立自然保护地。

科学话题

大海里也有森林吗？

珊瑚森林就是大海里的森林。珊瑚是珊瑚虫分泌的外壳。珊瑚虫死亡后，会留下坚硬的石灰质遗骸。随着新生的珊瑚虫不断地在死去的珊瑚虫骨骼上生长发育，庞大的珊瑚森林得以建立。珊瑚森林里有很多浮游植物，所以以此为食的小型海洋生物就聚集到了这里，而鱼类为了捕食这些小型的海洋生物也会聚集在这里。可以说大部分的海洋生物都生活在珊瑚森林中，珊瑚森林就是各种海洋生物的家园。

要是这些珊瑚森林被破坏的话，海洋生态系统也会跟着遭殃。珊瑚森林被破坏，那所在的整片海洋就可以被宣告死亡了。然而近年来，人们将含有珊瑚森林在内的海域开发成了旅游观光地，导致珊瑚森林被彻底毁坏。又由于各种原因，原本溶解在海水中的碳酸钙变成了白色粉末覆盖在了珊瑚森林上，加剧了珊瑚森林的毁灭。人们把这种现象称为海洋荒漠化。

这个一定要知道！

阅读题目，给正确的选项打√。

1 下列选项中，不是导致森林正在减少的原因是

- ☐ 人们为开垦荒地从事农业生产而放火烧山。
- ☐ 人们为生产制造纸和家具而砍伐树木。
- ☐ 人们为修路而砍伐树木。
- ☐ 人们为呼吸新鲜空气而去爬山。

2 下列选项中，不是生活在森林中的是

- ☐ 狐猴
- ☐ 犀鸟
- ☐ 企鹅
- ☐ 马来熊

3 全世界范围内，沙漠面积逐渐变大的现象称为

- ☐ 荒漠化现象
- ☐ 气候变暖现象
- ☐ 厄尔尼诺现象

4 橡胶树的汁液是制造橡胶制品的原料，人们可以在哪里得到它？

- ☐ 沙漠
- ☐ 热带雨林
- ☐ 草原
- ☐ 城市

1. 人们为呼吸新鲜空气而去爬山。/ 2. 企鹅/ 3. 荒漠化现象

4. 热带雨林/

32

科学原理早知道　自然与环境

推荐人 朴承载 教授（首尔大学荣誉教授，教育与人力资源开发部 科学教育审议委员）
作为本书推荐人的朴承载教授，不仅是韩国科学教育界的泰斗级人物，创立了韩国科学教育学院，任职韩国科学教育组织联合会会长。还担任着韩国科学文化基金会主席研究委员、国际物理教育委员会（IUPAP-ICPE）委员、科学文化教育研究所所长等职务。是韩国儿童科学教育界的领军人物。

推荐人 大卫·汉克（Dr.David E.Hanke）教授（英国剑桥大学 教授）
大卫·汉克教授作为本书推荐人，在国际上被公认为是分子生物学领域的权威，并且是将生物、化学等基础科学提升至一个全新水平的科学家。近期积极参与了多个科学教育项目，如科学人才培养计划《科学进校园》等，并提出《科学原理早知道》的理论框架。

编审 李元根 博士（剑桥大学 理学博士 韩国科学传播研究所 所长）
李元根博士将科学与社会文化艺术相结合，开创了新型科学教育的先河。
参加过《好奇心天国》《李文世的科学园》《卡卡的奇妙科学世界》《电视科学频道》等节目的摄制活动，并在科技专栏连载过《李元根的科学咖啡馆》等文章。成立了首个科学剧团并参与了"LG科学馆"以及"首尔科学馆"的驻场演出。此外，还以儿童及一线教师为对象开展了《用魔法玩转科学实验》的教育活动。

文字 表淳国
首尔教育大学毕业后，继续就读于汉阳大学研究生院，现为首尔水落小学的一线教师。致力于儿童科学教育，积极参与小学教师联合组织"小学科学守护者"，并在小学科学教室和小学教师科学实验培训中担任讲师。科学源于每一个很小的兴趣，而这微弱渺小的源头也许能在将来孕育出巨大的成就，这就是科学的魅力。同时也在为了能够激发起孩子们的这个小小兴趣而努力中。

插图 文彩英
毕业于尚明大学动漫系，目前是一名自由插画师。作品包括《所有人都幸福》《让我们一起生活》《申师仁堂》等。想要一直为孩子们创作作品，并能长久地留在孩子们的记忆中。

北京市版权局著作权合同版权登记号：01-2022-3272

图书在版编目（CIP）数据

留住这片森林 /（韩）表淳国文；（韩）文彩英绘；
季成译.—北京：化学工业出版社，2022.6
（科学原理早知道）
ISBN 978-7-122-41013-9

Ⅰ.①留… Ⅱ.①表…②文…③季… Ⅲ.①森林保护—儿童读物 Ⅳ.①S7-49

中国版本图书馆CIP数据核字（2022）第047703号

责任编辑：张素芳
责任校对：王 静
封面设计：刘丽华
装帧设计：溢思视觉设计／程超

出版发行：化学工业出版社
　　　　　（北京市东城区青年湖南街13号　邮政编码100011）
印　装：北京华联印刷有限公司
889mm×1194mm　1/16　印张2¼　字数50千字
2023年1月北京第1版第1次印刷

购书咨询：010-64518888
售后服务：010-64518899
网　　址：http：//www.cip.com.cn
凡购买本书，如有缺损质量问题，本社销售中心负责调换。

定　价：25.00元　　　　　　　　　版权所有　违者必究